31300

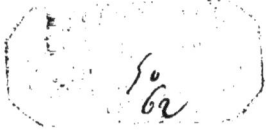

DE

L'AVENIR DE L'AGRICULTURE

EN FRANCE

PAR

Le Baron ED. MERTENS

—◦◦◦—

TARBES

TH. TELMON, IMPRIMEUR-LIBRAIRE

1862

TARBES

IMPRIMERIE DE TH. TELMON

DE

L'AVENIR DE L'AGRICULTURE

EN FRANCE

I

Le déficit si considérable qu'on a constaté dans les récoltes de 1861 doit engager plus que jamais les esprits sérieux à s'occuper des moyens les plus propres à garantir l'agriculture contre ces crises qui jettent partout l'effroi, et laissent souvent après elles une si grande misère.

Certes, il ne dépend d'aucune puissance humaine d'empêcher le soleil de brûler, ou les pluies d'inonder la terre. Mais il est donné à l'intelligence de pouvoir, aujourd'hui mieux que jamais, en atténuer les désastreux effets : d'un côté par les irrigations et les arrosements souterrains; de l'autre par le drainage et ses trois opérations combinées.

La plupart des hommes qui suivent les progrès de la science n'ignorent plus, à l'heure qu'il est, les résultats merveilleux que produisent ces procédés. Mais il est malheureux que leur application en soit encore si restreinte, et que l'année 1861 doive prouver par ses mécomptes combien ils eussent pu être amoindris cependant, si l'on avait eu depuis longtemps l'énergie de drainer et d'irriguer de plus grandes étendues de terrain.

Le meilleur service à rendre est donc de chercher à attirer et à fixer, s'il est possible, toute l'attention des hommes d'initiative et de ceux qui dirigent l'esprit public, sur l'urgence d'employer tous les moyens les plus prompts pour développer partout la pratique de ces principes élémentaires, qui doivent devenir la base invariable d'une culture améliorante, progressive et fécondante.

La crise alimentaire par laquelle on a passé maintenant en fait sentir d'autant plus vivement la nécessité.

Mais, grâce à la sage et haute prévoyance qui décréta à temps la liberté du commerce, cette crise n'aura pas d'autres suites, espérons-le, que de réveiller tout-à-coup l'énergie d'un grand peuple en présence du danger, et de faire mieux comprendre à tous, petits et grands, combien il est indispensable de se mettre immédiatement en état de parer à de nouveaux malheurs.

L'on doit déjà beaucoup à Napoléon III, qui a institué tant de mesures utiles depuis quelques années ; telles que l'assainissement et le défrichement de nombreux marais, le reboisement des montagnes, l'endiguement contre les inondations, et la mise en culture de vastes terrains sans valeur.

L'Empereur a beaucoup fait encore en décrétant, il y a quelques mois, que 25 millions seraient appliqués à l'achèvement en huit années de la voirie vicinale. Et on a pu se convaincre, par les adresses de tous les départements, avec quelle chaleureuse reconnaissance ces bienfaits ont été accueillis dans les campagnes.

Cependant, il faut le dire, tous ces sacrifices ne suffisent déjà plus aux besoins actuels.

Depuis que la France entière s'est associée à l'impulsion qu'a donnée le gouvernement aux grands travaux d'utilité publique et à toutes les industries ; que les municipalités des villes les plus importantes ont voté à l'envi les crédits demandés dans ce but ; que de puissantes associations se forment chaque jour pour de nouvelles entreprises, il en résulte ce fait : c'est que les centres les plus populeux finissent par absorber la majeure partie des capitaux disponibles et la meilleure portion des ouvriers agricoles que n'enlève pas déjà annuellement l'appel sous les drapeaux.

Ce nouvel état de choses doit évidemment faire naître dans un avenir prochain de très graves difficultés, si l'on ne se hâte pas de mettre en pratique tous les moyens qui peuvent y remédier, et qui faciliteront le développement croissant des besoins de chacun, besoins que les masses mêmes commencent aussi à éprouver. Car il est un principe qu'on ne peut jamais perdre de vue, c'est que plus on veut donner de bien-être aux populations, plus il faut leur assurer la nourriture et le vêtement à bon marché.

« Le sou circulant de l'ouvrier, c'est la richesse d'une nation », a dit Adam Smith.

Plus les classes moyennes peuvent se procurer de choses diverses pour leur argent, plus elles en éprouvent de bien, de force et de confort, et plus aussi ce capital roulant et grossissant sans cesse, sert, en l'alimentant chaque jour, à activer la petite industrie et le commerce local.

Le programme du 5 janvier 1860 prouve que l'Empereur l'a bien compris ainsi, en dirigeant son gouvernement dans la voie des réformes, et en affranchissant définitivement l'industrie et le commerce des entraves qui en arrêtaient le développement.

Mais a-t-on fait pour l'agriculture, jusqu'à présent au moins, tout ce que comporte cette situation nouvelle ?

A-t-on enfin adopté un plan d'ensemble, raisonné et complet, des meilleures mesures à prendre pour éclairer et guider sûrement les populations agricoles qui se réveillent à leur tour, et les conduire, comme celles de l'industrie et du commerce, vers un résultat certain de prospérité, afin de mettre le pays en position de maintenir toujours avec succès non seulement sa supériorité à l'extérieur, mais aussi l'équilibre du bien-être général à l'intérieur ?

C'est cette question, pleine d'importance et d'actualité, que je me permettrai, quoique étranger, d'examiner dans cette étude à un point de vue d'intérêt public.

Sans aucun doute, la France est un pays essentiellement agricole, autant par l'étendue et la richesse de son sol que par le climat, et il faut admettre, d'après les renseignements fournis en 1864 au Corps législatif, par le commissaire du gouvernement, que la production du blé suffit ordinairement à sa consommation.

Mais cette consommation ordinaire, que l'on évalue approximativement à 2 hectolitres 70 par individu, soit 97 millions d'hectolitres de blé pour 36 millions d'habitants,

est-elle bien ce qu'elle devrait être ? Les populations ur-
baines, surtout celles des campagnes, vivent-elles dans
l'abondance ? N'est-ce point, au contraire, sous le régime
de la plus stricte économie, et le plus souvent sous celui
des plus dures privations, que le père laborieux parvient à
nourrir sa famille ?

L'aisance ne règne donc point généralement. Le chiffre de la population n'augmente guère, et les ouvriers ne
se fortifient pas par une nourriture saine et abondante ; ils
s'usent vite ainsi, parce que les forces musculaires, qui
seules peuvent permettre de gagner longtemps et régulièrement un gros salaire par un travail entrepris à la tâche,
font bientôt défaut à l'homme qui manque d'une alimentation substantielle. Il suit de là que, dans les travaux agricoles surtout, les Français ne font pas, à beaucoup près,
dans leur journée, la rude besogne des Anglais par exemple, qui mangent presque chaque jour de la viande suc-
culente et du fromage, et qui boivent de bonne bière ;
tandis que les premiers ne se nourrissent d'ordinaire que
d'une soupe plus ou moins grasse, d'un pain médiocre de
blé ou de maïs, et ne boivent le plus souvent que du mau-
vais café ou de la piquette. Etant mal nourris, ils sont vite
épuisés, travaillent plus lentement et rendent ainsi les travaux plus difficiles et plus dispendieux pour celui qui les
emploie.

Il est évident qu'on ne peut améliorer cette position
qu'en s'attachant à augmenter sans cesse la production,
non seulement du blé, mais surtout de la viande. Car,
que l'on ne s'y trompe pas, cette augmentation de pro-

duits servira d'abord en partie à l'alimentation plus abondante de la famille, et le surplus seulement s'écoulera aux marchés.

Pour parvenir rapidement à ce résultat, tous les efforts doivent donc tendre à faire rendre en entier à la terre ce qu'elle est capable de donner par la haute culture, lorsqu'on y applique en outre le génie industriel basé sur le crédit, ou l'art agricole. Dans les campagnes, où l'on manque généralement de bras, surtout au moment des moissons, il est surprenant de voir combien l'on commence à comprendre enfin sérieusement la nécessité d'employer les machines, dont les grandes expositions de 1851 et 1855 ont révélé l'utilité même aux plus aveugles. Et il est un fait que l'on doit être heureux de constater, c'est que déjà, dans beaucoup de localités, le petit cultivateur qui fauche aujourd'hui son blé, peut l'envoyer demain à tel établissement voisin, où, pour un prix modique, il est battu et rendu au bout de quelques heures, parfaitement nettoyé, propre à être livré de suite au marché ou au meunier ; avec la paille brisée et prête à être donnée immédiatement au bétail, qui en manque si souvent à cette époque de l'année.

Par ce procédé expéditif, le cultivateur épargne ses bras et son temps, et il réalise de l'argent qu'il peut capitaliser en d'autres travaux.

N'y a-t-il pas dans ce seul progrès un immense résultat et un grand avenir, à mesure que cette pratique nouvelle s'étendra ?

Cependant, je le répète, quoiqu'on ne fasse encore

qu'entrer dans cette voie, tous ces moyens, et bien d'autres reconnus nécessaires, qui prennent d'ordinaire des années à se vulgariser, ne suffisent déjà plus, tant les besoins de l'époque sont urgents.

On imite l'Angleterre, et l'on fait bien ; seulement, l'on ne doit pas oublier que la culture dans ce pays est limitée à l'étendue du terrain dont elle dispose, et que son commerce doit suppléer à tout ce qui lui manque. Tandis qu'en France, si l'on veut travailler hardiment et activement, et si la culture est bien dirigée vers ce but, on peut aisément parvenir, en peu d'années, avec les grandes facilités commerciales qu'offre ce précieux voisinage, à nourrir la Grande-Bretagne et à lui servir de grenier d'abondance.

Cela peut paraître exagéré. Il n'en est rien cependant, si l'on veut bien réfléchir qu'avec les moyens dont dispose maintenant la science pratique, les terres peuvent en général produire le double du rendement moyen actuel.

Si l'instruction agricole était plus répandue, si les encouragements étaient plus nombreux, si les facilités les plus étendues étaient offertes aux propriétaires ruraux et aux fermiers par les banques de crédit agricole dont on dote enfin le pays, pour qu'ils puissent appliquer largement le capital à l'exploitation et aux améliorations foncières, à l'élève du bétail et aux engrais surtout, on arriverait plus vite qu'on ne le pense à ces résultats et à exploiter largement le sol.

Il est possible que l'on dise encore dans les campagnes : « Mais si vous doublez en France la production des

grains ; que l'Algérie apporte aussi son contingent pro-
gressif, et que le blé de Russie ou d'ailleurs vienne
encore nous faire concurrence, il arrivera que les prix
rémunérateurs ordinaires baisseront énormément ; que les
fermiers étant en perte seront bientôt ruinés, parce qu'ils
ont déjà des baux très élevés, et qu'en définitive les propriétaires le seront aussi. »

C'est toujours la même erreur ! Car cette augmentation
de production ne pourra jamais faire sentir son effet, après
tout, que graduellement, vu que les lois de la nature
veulent d'abord que l'on sème pour récolter. D'ailleurs, la
liberté actuelle du commerce permettra toujours aujour-
d'hui de trouver des consommateurs, parce que l'on ne
peut guère admettre que partout à la fois dans le monde
il y ait un excès de produits analogues, et que leurs prix
baissent jamais tout d'un coup, et d'une manière perma-
nente, pour mille causes diverses, mais dont les plus certaines sont les variations inévitables de climat et de température.

Du reste, pour s'en convaincre, il suffit de jeter un re-
gard sur ce qui se passe de l'autre côté du détroit. En
effet, n'avons-nous pas vu, il n'y a pas longtemps, l'Angleterre exporter sur les marchés français le surplus d'une
abondante récolte, ou des provisions antérieurement entre-
posées dans ses ports et venant de France, où, grâce à la
liberté du commerce, elles retournent aujourd'hui combler
le déficit ?

Et encore, quand même un excès de produits ferait
descendre les prix au plus bas cours que l'agriculture

puisse supporter, il faut bien reconnaître qu'en obtenant des rendements doubles de ceux que l'on recueille aujourd'hui, c'est-à-dire 30 à 40 hectolitres de blé au lieu de 15 à 20 en moyenne par hectare, les prix pourront baisser beaucoup, sans préjudice pour le producteur, puisque la marge des prix rémunérateurs lui laissera, par la quantité et la qualité, un plus grand bénéfice.

Qu'on ne craigne pas non plus alors la concurrence étrangère ; car plus on produira par une « culture améliorante et fécondante, » plus les prix de revient diminueront, et moins cette concurrence sera possible, parce que les frais de transport, quoi qu'on fasse, seront toujours une barrière rassurante.

Mais, objectera-t-on peut-être encore : « En augmentant si considérablement la production, vous ferez hausser aussi le loyer du sol, les impôts suivront en proportion, et, en résultat, les cultivateurs n'y gagneront rien. » Cela paraît fondé au premier abord ; et pourtant il n'en est rien, parce que si d'un côté les loyers s'élevaient, ce ne serait jamais que dans une faible proportion à des rendements doubles et toujours progressifs avec le système de culture préconisé plus haut.

Ensuite, l'on ne doit pas perdre de vue que le morcellement des terres a créé une nouvelle et nombreuse catégorie de petits propriétaires-cultivateurs, et que ce sont eux surtout qu'il faut favoriser par l'application de ces principes : car eux n'ont point de loyers progressifs à craindre ni à couvrir, et leurs bénéfices s'accumuleront sans cesse, à mesure qu'ils avanceront vers une culture plus intensive et plus industrielle, et qu'ils auront à leur disposition, sous forme de location, toutes les machines et tous les instruments perfectionnés et utiles.

L'on y arrivera bien certainement, et peut-être plus tôt qu'on ne le pense, dès qu'il y aura seulement assez de gens éclairés dans chaque commune pour se rendre compte de la valeur réelle de cette pratique, et réclamer l'organisation de sociétés d'entrepreneurs, qui trouveront leurs bénéfices à louer à l'agriculture le travail mécanique tout comme se loue aujourd'hui le travail manuel ou celui des animaux.

Qu'on réfléchisse un instant à tous ces bienfaits nouveaux, si précieux pour la petite culture surtout, qui manque de ces trois éléments indispensables : bras, temps et argent comptant, et l'on reconnaîtra sans peine qu'ils peuvent assurer de magnifiques résultats.

Pourquoi donc alors hésiter un instant à organiser la rapide application de ces progrès, puisque enfin il est bien reconnu que l'industrie manufacturière ne pourra lutter aujourd'hui contre l'Europe, qu'à la condition pour la France de développer d'abord les riches éléments qu'elle possède dans son sol, qui seuls peuvent garantir sa prospérité future.

Ces faits paraissent incontestables ; mais la grande difficulté est de les faire comprendre et admettre généralement. Et je conçois que le ministre de l'agriculture, dans son rapport à l'Empereur, du 27 février 1860, n'ait pas pu préciser encore tout ce qu'il y aurait à faire pour assurer cette grande prospérité possible de l'agriculture.

Aussi, est-il du devoir de tous ceux qui portent intérêt à cette question si importante, de faire connaître par un appel à la publicité, chacun dans la mesure de son expérience et de son intelligence, ce qu'il croit pouvoir être utilement appliqué. C'est en s'éclairant ainsi, que l'opinion publique pourra se prononcer avec d'autant plus de vigueur que son influence est omnipotente.

Si l'agriculture, dans le plus bref délai possible, arrivait à doubler sa production, ce serait à coup sûr un bien admirable résultat. Cependant, ses progrès ne s'arrêteraient pas là, car il est à prévoir qu'avec une prospérité croissante, les populations se multiplieront de plus en plus, et qu'à mesure que les effets du développement manufacturier, industriel et mécanique, se feront sentir dans les centres agricoles, il faudra bien, bon gré mal gré, que l'agriculture proprement dite se transforme aussi en industrie.

De ce moment seulement, cette branche de l'activité nationale deviendra la source de la plus grande richesse. Car ce ne sera plus alors uniquement du blé que l'on demandera à la terre de ces régions florissantes, ce sera en abondance de la viande, du beurre, du fromage, pour être consommés en partie sur place.

Il arrivera ce que l'on voit déjà en Irlande, où la production du blé diminue fortement, parce que l'on trouve plus avantageux de produire de la viande ; de même qu'en Angleterre, où l'on attire aussi de plus en plus l'attention des fermiers sur la plus grande extension à donner, non pas à l'engraissement prodigieux du bétail, mais à l'élève, et à un engraissement *plus rapide, moins coûteux* et *plus sain.*

Ce seront aussi des plantes légumineuses, fourragères, textiles, oléagineuses que l'on cultivera plus en grand. Et la consommation intérieure et le commerce extérieur en profiteront, doublant, triplant même les profits des cultivateurs et des commerçants. Ces plantes diverses ayant toutes une plus haute valeur que les blés, on verra s'en étendre la culture de proche en proche, et comme cette pratique nécessitera beaucoup plus d'engrais et de capital, elle exigera également plus de soins, de capacités et d'intelligence.

Les jeunes gens seront ainsi forcément obligés de s'instruire tous dans les écoles d'agriculture, que l'on verra alors seulement se développer peu à peu dans chaque département.

Ils le feront avec d'autant plus d'empressement qu'ils verront autour d'eux qu'on peut faire fortune tout aussi vite et beaucoup plus sûrement dans les champs, par une culture bien entendue, que dans les villes.

Certes, je ne veux point dire ici que la science infuse suffit seule à faire un bon agriculteur; il faut au contraire pour réussir le talent naturel, c'est-à-dire une bonne tête. Mais, que de fermiers qui, avec une organisation intellectuelle parfaite, ont passé toute leur vie à tâtonner péniblement, pour acquérir enfin cette expérience qui leur a permis de faire fortune, et qui l'auraient faite en bien moins de temps et moins de travail s'ils avaient eu l'instruction scientifique qui est mise aujourd'hui à leur portée.

C'est donc vers ce but que doivent tendre les efforts
de tous ceux qui dirigent l'esprit public ; et, pour l'atteindre,
le gouvernement a encore, quoi qu'on en dise, des devoirs
impérieux à remplir.

Il reste, selon moi, le tuteur naturel de ces agriculteurs, encore mineurs, et ils sont nombreux, hélas ! malgré tout, ceux qui s'obstinent à fermer les yeux à la lumière, ou qui, au moins, ne voient pas jusqu'ici bien
clairement tous ces beaux résultats à obtenir ; qui n'ont pas
assez de confiance pour entrer franchement dans cette voie
de progrès successifs, ou qui manquent des éléments essen-
tiels pour réussir. Le gouvernement a pour tâche de les
éclairer partout, jusque dans les coins les plus reculés de
la France.

Il a pour tâche aussi d'appeler, d'encourager efficacement dans tous les départements de grandes associations
pour les travaux de drainage, d'irrigation et d'assèchement,
en concédant des avantages considérables aux compagnies
sérieuses qui voudraient s'organiser dans ce but.

Avec les 8 ou 10 millions que l'on destine annuellement à l'agriculture, et qui, par parenthèse, semblent
une goutte d'eau dans l'Océan, le gouvernement pourrait
offrir des primes d'encouragement ou des garanties d'intérêts aux compagnies qui apporteraient les *deux ou trois
cents millions* nécessaires à l'exécution, partout à la fois,
des grands travaux dont l'agriculture sent l'urgence.

Tous les propriétaires ruraux, qu'on en soit convaincu,
s'empresseraient bientôt alors de réclamer leurs services,
quand il sauraient qu'ils ne sont pas obligés de fournir

hypothèque de la valeur foncière totale, comme au Crédit foncier ; mais qu'ils peuvent se libérer par de simples annuités, jusqu'à extinction de leurs dettes. Ces sociétés traiteraient ainsi avec tous les particuliers qui offriraient, outre les garanties ordinaires d'honorabilité et de solvabilité, celles qui résulteraient de l'accroissement de valeur produit par l'amélioration agricole elle-même, comme cela se fait en Angleterre.

Avec des hommes spéciaux et capables, elles entreprendraient à forfait l'exécution de tous les travaux de drainage et d'irrigation, qui, avec le système actuellement suivi par le Crédit foncier, resteront longtemps encore à l'état de projet et de souhait, pour la petite propriété surtout.

En Angleterre, ce furent les sociétés particulières établies en grand nombre qui, sous la première impulsion donnée par le gouvernement de sir Robert Peel, exécutèrent d'immenses travaux avec une rapidité merveilleuse, éclairant ainsi les plus aveugles, et renversant les préjugés des masses par le grand nombre de faits qui, de tous côtés à la fois, vinrent prouver les résultats si avantageux du drainage perfectionné. Ce fut alors un élan général, et à qui paierait à ces compagnies 6 p. $^o/_o$ d'intérêt, amortissement compris, pour avoir au plus tôt des terres bien drainées.

Or, les formalités et les difficultés éloignent les cultivateurs, tout comme les propriétaires ruraux ; et il est déjà si difficile de vaincre l'indifférence des uns, l'ignorance des autres, que les sociétés d'assurance pour l'agriculture ne sont parvenues à se faire connaître et accepter dans les campagnes qu'en faisant circuler cons- tamment des agents chargés d'endoctriner les habitants, et de leur rappeler sans cesse les dangers de leur négligence et les avantages des assurances.

Aussi, que de reconnaissance ne doivent-ils pas à ces mêmes sociétés, ceux qui au moins maintenant peuvent dormir tranquilles pendant la grêle, les orages, les épi- zooties.

De même que le médecin force souvent le malade à avaler une potion à laquelle celui-ci ne croit guère ; de même, quand ce devrait être au son du tambour, il fau- drait faire comprendre à tout prix dans les campagnes les résultats certains du drainage, des irrigations, des engrais ; en un mot de la culture améliorante appliquée judicieuse- ment aux produits qui croissent le mieux dans chaque région (1).

---

(1) Lorsque dès 1849 je publiai, le premier en Belgique, quelques faits et observations sur l'utilité du drainage perfectionné, tel qu'on le pra- tiquait en Angleterre et que je l'appliquais chez moi, je disais :

« Pour des terres humides, âcres et argileuses, et même pour celles qui sont légères et sablonneuses, à sous-sol imperméable, les effets du drainage tiennent véritablement du merveilleux. On comprendra facile- ment qu'il doit en être ainsi, car le vide qui se produit dans le sol, par le placement des tuyaux en terre cuite, force la terre, auparavant im- perméable à l'eau, à se sécher d'abord par l'évaporation, puis à se fendre, et à laisser écouler dans ces conduits souterrains, par mille petites ouvertures, pour ainsi dire imperceptibles, l'excès d'humidité qui pesait à sa surface. Et que l'on ne croie pas qu'il faille des travaux extraordi- naires pour fendiller ainsi la terre : le seul travail de la nature y suffit.

« Cette terre, devenue spongieuse et perméable à l'eau, le devient aussi à l'air. Alors se produisent ces phénomènes extraordinaires d'une récolte double et hâtive, d'un grain parfaitement mûr et pesant, et d'une paille qui verse rarement.

2

Or, pour propager ces idées, le gouvernement dispose encore ici de deux moyens faciles : l'un serait d'autoriser les préfets à encourager officiellement, par un subside annuel, le journal le plus répandu dans chaque département, à consacrer d'une manière régulière une partie de ses colonnes aux intérêts locaux de l'agriculture ; l'autre de faire publier un *Calendrier du cultivateur*, d'après le plan de Dombasle, revu et corrigé avec soin tous les trois ans, et *rédigé d'après les besoins et les produits de chaque région*, qui serait vendu à très bas prix, et envoyé gratis à tous les instituteurs primaires, avec ordre

---

« La nature et la température du sol sont changées par le fait même de son contact avec l'air ; il a subi une transformation complète, et ces mêmes tuyaux qui ont servi pendant l'hiver et le printemps à l'écoulement de la trop grande humidité, servent pendant la sécheresse à condenser l'air et à produire au fond de la terre une moiteur bienfaisante.

« Un jour, peut-être, serviront-ils même à introduire directement aux racines des plantes l'arrosement nécessaire à leur parfait développement.»

En écrivant alors ces observations, je ne faisais, en homme pratique, que constater des faits, sans pouvoir les expliquer autrement.

Mais en 1861, un savant dont l'autorité fait foi, M. Payen, de l'Institut, a publié dans une étude *sur les agents de la production agricole*, ce que *la science* a fait connaître, et il démontre comment et pourquoi les phénomènes que je citais alors se produisent si naturellement.

Voici ce qu'il dit : « Les engrais plus ou moins riches en substances organiques azotées, en débris ou déjections des animaux, ne peuvent accomplir les transformations qui les rendent assimilables par les plantes sans emprunter à l'air et à l'eau, interposés dans les interstices du sol, une grande partie de l'oxygène nécessaire à la fermentation. Si donc l'eau est stagnante dans le sous-sol, si l'air ne se renouvelle que difficilement dans l'épaisseur de la couche arable, voici en résumé les influences désastreuses dont les plantes, et surtout les radicelles, ont à souffrir. D'abord, l'eau qui remplit les interstices de la terre en exclut presque la totalité de l'air indispensable à la respiration de ces jeunes organismes ; ensuite, l'évaporation qui s'opère à la superficie du sol

d'en faire la lecture aux habitants le dimanche après les vêpres, et de les initier, ainsi que leurs élèves, avec zèle et dévouement, à toutes les pratiques qui y seraient exposées.

Il est vrai, du reste, que le gouvernement entre déjà dans cette voie, car un récent rapport du ministre des cultes à l'Empereur annonçait la fondation d'une bibliothèque des campagnes. Seulement, ne va-t-on pas bien vite et inutilement dans ce cas-ci, et les seules publications dont il est parlé plus haut, avec l'influence qu'exerce l'excellent *Journal d'Agriculture pratique* qui se publie à Paris

---

refroidit à la fois les racines, les feuilles et les tiges, et affaiblit dès lors l'activité végétative dans tous les organes de la plante. L'eau dont l'excès et la stagnation produisent tous ces désordres enlève en pure perte aux engrais les substances solubles qu'ils contiennent, et ces nouvelles solutions aqueuses, loin de se montrer utiles à la végétation, sont beaucoup plus nuisibles aux radicelles que ne le serait l'eau pure. Enfin, les plantes dont les racines superficielles ont échappé à une immersion complète n'offrent, malgré une végétation parfois active, qu'une structure trop faible pour résister au poids et au choc des eaux pluviales, qui bientôt les renversent sur le terrain et compromettent la récolte tout entière.

« Tels sont les dangers que le *drainage* est destiné à combattre. Les principaux effets du drainage peuvent se résumer ainsi : dégagement des eaux souterraines, aération du sol, élévation de la température moyenne et assainissement des localités humides, résultats directs qui ont eux-mêmes pour conséquence de favoriser la végétation des plantes, d'accroître et d'améliorer les récoltes, tout en les rendant plus hâtives, de préparer le sol à recevoir de riches engrais et des irrigations fécondantes. »

J'ai cru qu'il serait utile d'introduire ici ces citations comme faits devenus aujourd'hui incontestables et sur lesquels il est urgent de fixer l'attention, et j'ajouterai ici que quoiqu'en Belgique il n'y ait guère encore que 80 mille hectares de drainés, on a pu constater officiellement que l'augmentation des produits est en moyenne de deux hectolitres de blé par hectare !

et auquel l'Etat devrait aussi abonner toutes les communes de France, ne suffiraient-elles pas pendant plusieurs
années encore ? Car en général, qu'on ne l'oublie pas, les
cultivateurs n'aiment pas à lire beaucoup, et ils n'ont
d'ailleurs guère le temps de le faire, harassés comme ils
le sont à la fin de la journée

Il y a aussi encore en France beaucoup de petits propriétaires-cultivateurs qui ne savent ni lire ni écrire, et qui
cependant, pleins d'intelligence, recherchent maintenant les
progrès depuis qu'ils ont eu l'occasion de les constater aux
expositions et aux concours : il y en a beaucoup qui ad-
mettent leur infériorité et qui seraient désireux d'introduire de suite dans leurs exploitations bien des améliorations. Mais comment faire ? se disent-ils. Ils ne peuvent
abandonner leurs travaux de chaque jour et leurs familles,
pour eller apprendre ailleurs, et personne ne se trouve là
pour leur enseigner pratiquement, où même théoriquement
les meilleures méthodes. Ils devraient aller bien loin, et cela
les décourage ; ils ne sont pas dans la position d'ouvriers
qui peuvent courir le pays et s'instruire où ils veulent.
Ils se contentent donc de profiter de ce qui leur tombe
sous la main, comme par exemple de faire battre leurs
grains à la machine dès qu'il s'en établit un assez près
d'eux ; et de même ils seront disposés à utiliser ainsi toutes les autres dès qu'elles seront mises à leur portée.

Cela peut paraître à beaucoup de monde difficile a admettre, si l'on en est toujours au temps où l'on regardait
l'agriculture comme la vocation de ceux qui, ne pouvant
mieux faire étaient obligés de cultiver la terre.

Mais depuis quelques années il s'est opéré une métamorphose complète, et les faits démontrent à tous ceux qui veulent bien se donner la peine d'y faire attention, que chaque jour attire de nouveaux convertis aux progrès que les expositions ont fait éclater à tous les yeux.

Or, une fois cette conviction entrée dans l'esprit des campagnards, on ne doit plus s'étonner des aspirations nouvelles qui se développent si rapidement chez un grand nombre d'entre eux et se propagent alors très facilement ; parce que s'ils sont difficiles à convaincre théoriquement, la logique des faits, au contraire, les entraîne d'elle-même.

Il est important de bien peser ces faits ; car cette classe si intéressante des campagnes est nombreuse, et son épargne à elle se traduit en produits qui desservent les marchés.

Elle mérite donc bien qu'on s'en occupe tout spécialement ; et c'est encore là la part du gouvernement, qui pourrait instituer auprès des préfets un comité de 3 à 5 membres dévoués aux intérêts agricoles, qui auraient pour mission de s'en occuper *exclusivement*, veillant sans cesse aux améliorations à apporter dans les communes pour développer leur prospérité, et provoquant chaque jour l'intervention des autorités et des particuliers sur les meilleures mesures à prendre.

Hésiter un instant à faciliter à ces hommes laborieux, honnêtes propriétaires, les moyens de produire plus et à meilleur compte, c'est reculer aujourd'hui : car l'industrie, on ne saurait assez le répéter, ne peut réellement se développer et lutter victorieusement sur tous les marchés du monde, qu'à la condition d'être aidée efficacement par l'agriculture.

Que le gouvernement fasse donc hardiment appel à la nation, s'il n'entre décidément pas dans son programme de créer de vastes associations particulières, afin qu'elle vote les millions nécessaires au complet développement de la production agricole.

Un milliard ainsi appliqué produirait des intérêts incalculables, sans appauvrir le moins du monde la circulation monétaire ni le capital du pays !

Malgré ses embarras financiers, la France est assez riche, assez puissante, dans ce moment où tant de capitaux restent sans emploi, pour pouvoir faire d'emblée ce sacrifice momentané à sa plus importante industrie ; aujourd'hui surtout, — comme le disait dernièrement, dans un discours, l'éminent économiste M. Michel Chevalier, — « que l'industrie manufacturière, le commerce, l'agriculture marchent à pas de géant ; que les esprits s'éclairent, que le bien-être se répand et atteint des couches de la société où il n'avait jamais pénétré. »

Certes, je suis de ceux qui pensent que l'agriculture devrait marcher sans aucune intervention de l'Etat.

Malheureusement, ce moment n'est pas encore venu ; et s'il fallait l'attendre patiemment, on perdrait un temps précieux, peut-être même irréparable, pour l'intérêt général. Jusque-là, le grand nombre des cultivateurs doit être loyalement éclairé, dirigé et encouragé sans relâche, d'une manière puissante, active et désintéressée. Car tout s'enchaîne et se rattache aux intérêts communs dans la voie progressive d'une nation. Dès qu'une impulsion sérieuse, fondée sur les vrais principes de l'économie politique, est donnée à une branche importante de l'activité publique, il faut que toutes les autres suivent inévitablement le mouvement, sous peine d'en comprimer l'essor et de voir la prospérité générale rester en *statu quo*, ou distancée bientôt par d'autres peuples.

Les progrès de l'agriculture doivent donc être poussés avec la plus grande vigueur, pour pouvoir soutenir l'industrie française, appelée maintenant à des luttes journalières avec l'Angleterre, qui lui fera, à coup sûr, une rude concurrence !

C'est certes une grande affaire que de transformer ainsi, en si peu de temps, toute l'industrie d'un grand peuple.

Que d'énergie et d'intelligence ne faut-il pas en effet dans ce moment à de nombreux industriels, pour cacher les infériorités ou les défectuosités de leurs productions, qui s'écoulaient quand même sous le régime de la protection ; changer leurs procédés, leurs méthodes, pour en adopter tout-à-coup de plus perfectionnés, au risque sans cela de perdre les fruits d'une longue vie de travail et un nom connu et respecté !

Honneur donc et courage à ces valeureux champions de la civilisation, qui se préparent à cette lutte gigantesque dont l'Exposition universelle de 1862 révèlera toute l'importance. Lutte magnifique qui doit en peu d'années doubler, quintupler la richesse et l'influence de la France, si toutefois l'on n'oublie pas que c'est le pain à bon marché et en abondance qui doit amener ces grands résultats. Plus il

le sera, et promptement plus les difficultés seront à jamais
vaincues. Les uns ne peuvent plus se passer des autres,
tous doivent s'aider mutuellement; et il faut que l'industrie
soit bien convaincue que la seule protection sur laquelle
elle puisse et doive compter dans l'avenir, c'est sur celle
de la prospérité agricole, qui, à son tour, assurera régulièrement la sienne, par la consommation toujours croissante
de ses produits.

Plus tôt l'industrie entrera franchement dans le système
de l'association solidaire, plus tôt elle fournira à la terre
des hommes capables et énergiques, et des capitaux suffi-
sants pour faire de la culture toujours plus améliorante et
et fécondante, qui peut seule abaisser les prix de revient
par une grande production, plus tôt aussi prospérera-t-elle
avec une entière sécurité.

Ce n'est que lorsque ces principes seront mis en pratique régulièrement dans le pays entier, que l'on pourra
atténuer aussi, au moins en partie, les misères que produisent, surtout dans les campagnes, toutes les grandes
fluctuations des prix régulateurs des denrées alimentaires,
et que l'on assurera le bon marché qui seul peut faire descendre les salaires au-dessous de ceux de l'Angleterre, et
permettrait à la France d'établir sa suprématie dans l'uni-
vers !

On parle d'une haute direction spéciale pour l'agriculture. Ce serait un grand bienfait; mais, avant tout, ce
que l'on devrait réclamer avec énergie, c'est que le gouvernement adopte un plan général, large et libéral, de
toutes les mesures à prendre, que l'on poursuive ensuite

définitivement, d'une manière régulière, et que l'on fonde enfin une véritable « Société centrale d'agriculture, » universalisant son action dans tous les départements : active, intelligente et toute-puissante par l'influence de ses membres dans les campagnes, et par son but dévoué et indépendant ; ayant son capital propre, et pouvant organiser tous les ans un concours général où elle donnerait de grands prix en argent, soit dans un département, soit dans l'autre, selon les intérêts divers de l'agriculture librement discutés et mis en balance au sein de la Société, qui remplacerait ainsi l'action gouvernementale dans les Comices et dans les Concours régionaux.

Que de reconnaissance ne devrait-on pas au gouvernement qui adopterait un pareil programme basé sur les besoins et les nécessités de l'époque ; car ce n'est qu'alors que commencera la véritable émancipation de l'agriculture, et que l'art agricole dominera.

II

Dans la première partie de cette étude, j'ai dit comment, en peu d'années, on pourrait parvenir à doubler la production agricole, augmenter l'aisance, le bien-être, la force physique des populations, et assurer sans conteste la suprématie de la France dans le monde entier. Mais il n'est peut-être pas inutile d'ajouter encore quelques considérations nouvelles, quelques arguments plus concluants, pour faire mieux comprendre combien il est urgent de prendre enfin en très sérieuse considération l'état actuel de l'agriculture, dont la transformation rapide rétablirait, plus promptement et plus sûrement que tous les autres moyens mis jusqu'ici en discussion, l'équilibre permanent des finances de l'Etat.

Plus l'on réfléchit, et plus il paraît logique jusqu'à l'évidence que c'est ce puissant levier, dont on n'a pas eu l'énergie d'utiliser encore toute la force, qui possède cependant, entre tous, les éléments les plus étendus et les plus certains de créer pour le pays des ressources inépuisables, sans accroissement de charges; de placer l'industrie dans une voie sûre et régulière par une consommation toujours croissante, et de permettre enfin la continuation de dépenses qui, quoi qu'on fasse, sont devenues nécessaires au maintien de la gloire, de l'influence et de la prospérité de la nation.

Peut-il rester encore un doute à cet égard? Peut-on ne pas comprendre qu'en s'appuyant sur la plus grande production possible de l'agriculture, l'industrie produirait à son tour à meilleur compte; qu'en exportant de plus en plus, elle provoquerait des importations de matières premières toujours plus fortes; et que ces transactions, sans cesse renouvelées, donneraient à l'Etat des ressources d'autant plus considérables?

Mais, pour bien se pénétrer de l'influence ascendante et progressive de l'agriculture, et de son importance réelle aujourd'hui dans la vie des peuples, il ne sera peut-être pas hors de propos de retracer ici, en quelques mots, sa marche triomphale dans le monde depuis quelques années.

Bien que la France possède dans son sol un capital que la statistique évalue actuellement à plus de 100 *milliards* de francs, il est important de faire remarquer que l'on ne saurait avec certitude en apprécier toute la valeur, qu'en tirant de la terre le maximum des produits qu'elle peut rendre.

Or, il y a peu de temps encore, on osait à peine discuter cette valeur, tant l'on rencontrait d'incrédulité, de dédain, d'indifférence! Néanmoins, la lumière s'est faite un peu pour tout le monde; et si l'on n'admet pas encore bien généralement tous les faits mis en évidence par la pratique; si l'on se refuse encore à croire qu'on peut récolter, aujourd'hui, plus de 40 hectolitres de froment, ou plus de 80 mille kilogrammes à l'hectare, par une culture intensive, on comprend au moins, dans un rayon agricole beaucoup plus étendu, et qui chaque jour s'étend davantage, qu'il est possible d'obtenir à présent, avec les moyens dont on dispose, des produits beaucoup plus considérables, et de vaincre en outre, sans perdre un temps précieux en expériences, mille difficultés qui jadis paraissaient insurmontables et comme inhérentes à la nature même du sol.

C'est à la science, qui est parvenue à expliquer clairement et simplement des phénomènes dont les cultivateurs ne savaient se rendre aucun compte, que l'on doit le *réveil de l'agriculture*, d'abord en Angleterre, avec les résultats merveilleux du drainage perfectionné, l'emploi

de plus en plus considérable des engrais mixtes et com-
merciaux, et tant de découvertes si remarquablement
utiles.

Cependant, il est bien important d'observer que ce ne
fut, en réalité, qu'à dater de l'époque où l'industrie prit
dans ce pays l'énorme développement qui caractérise ces
dernières années que, des nécessités nouvelles se faisant
vivement sentir, l'on réclama avec insistance, de tous
les hommes scientifiques, les études et les examens pratiques qui ont fait faire un pas si rapide au progrès.

Dès ce moment l'agriculture prit une position nouvelle.

A l'aide et par l'influence d'une publicité à très bas
prix, et toujours de plus en plus répandue, on eut bientôt
compris, dans les campagnes, qu'il y avait en effet dans
la terre des ressources encore immenses de richesse, dont
on pouvait profiter plus avantageusement; qu'en l'assai-
nissant, qu'en la remuant profondément, et en ramenant
peu à peu le sous-sol à la surface, on mettait des parties
jusqu'ici improductives en rapport avec l'air, l'eau et la
lumière, et qu'aussitôt des agents nouveaux de fertilité
se décomposeraient, et puiseraient dans l'atmosphère et
dans l'action réunie de leurs divers éléments, combinés
avec une fumure plus forte et plus riche, une fécondité
qui, judicieusement utilisée, devait sans aucun doute
donner des produits toujours plus abondants.

Cependant un obstacle très grave arrêta tout d'abord
ces progrès : c'était le manque de bras et de capitaux. Il
fallait le surmonter, et l'on se mit aussitôt à l'œuvre.

En Amérique , où déjà depuis longtemps on s'occupait pratiquement de cette question, on s'était ingénié à inventer toutes sortes de machines et d'instruments, pour remplacer autant que possible la main-d'œuvre, qui devenait de plus en plus rare et chère. Les Anglais suivirent l'exemple et perfectionnèrent si bien et si vite tous les instruments de l'économie rurale, qu'ils en sont arrivés, comme on sait, à pouvoir moissonner, battre, moudre, cuire et manger le blé d'un champ qu'ils ont de nouveau labouré, sarclé et semé, le tout du matin au soir !

Cette expérience, faite il y a quelques années à la réunion agricole de Ghelmsford, donne la mesure de ce que l'on peut atteindre aujourd'hui, à l'aide du matériel perfectionné .

Ce fut du reste à l'Exposition universelle de 1851 que l'Europe étonnée put se rendre compte pour la première fois de l'importance de toutes ces merveilles mécaniques, et qu'elle put apprécier à sa juste valeur cette voie nouvelle de progrès. Et si la France, à cette époque, n'occupait pour cette branche de son industrie qu'un rang fort inférieur, elle prouvera sans nul doute, par celui qu'elle y obtiendra en 1862, combien elle a su en profiter.

Ce furent ces procédés et les instruments perfectionnés, avec les banques de crédit agricole que l'on était parvenu à fonder en grand nombre dans le Royaume-Uni, ainsi que les actes du Parlement que le gouvernement avait provoqués dès 1846, qui renversèrent d'un seul coup tout le système de la routine, et entraînèrent une foule de riches propriétaires à se mettre à la tête du mouvement agricole. Bien des récalcitrants, de vieux partisans des anciens usages durent dès lors, bon gré, mal gré, courber la tête devant les faits accomplis, et maintenant presque partout l'on voit petits et grands travailler ensemble avec une ardeur, une énergie incroyable, à faire produire au sol tout ce qu'il est susceptible de rendre.

C'est cet élan prodigieux donné au progrès de l'agriculture; c'est cette grande mesure de la libre entrée des grains étrangers qui a décuplé la richesse générale de la Grande-Bretagne. Et cependant il est vrai de dire aussi que, nonobstant de si nobles efforts, une partie considérable du pays est encore, jusqu'à un certain point, sous l'influence de la routine, tant il est difficile de déraciner de vieilles habitudes. Cela tient principalement aux institutions du pays, qui s'opposent à l'action gouvernementale sur le travail individuel; et à cet esprit d'indifférence et d'entêtement qui trône encore chez quelques grands propriétaires très influents dont les enfants, heureusement pour l'avenir, ne partagent pas tous les préjugés.

L'impulsion qu'à donnée l'Angleterre a été suivie peu à peu en France, en Belgique, en Allemagne, et il est facile de se convaincre des progrès rapides que l'on a faits dans ces divers pays. Mais en France, comme ailleurs, on est encore bien loin, dans l'ensemble, de marcher aussi vite, et de voir le progrès s'étendre de village en village !

Cela tient à bien des causes trop longues à énumérer dans ce travail, mais dont quelques-unes réclament ici cependant une attention sérieuse.

Ainsi, n'est-il point déplorable de rencontrer encore de nos jours des propriétaires fonciers influents, qui s'en vont partout répétant sans cesse et avec conviction, sans songer au mal qu'ils font, au découragement qu'ils laissent derrière eux : « Mais n'allons pas trop vite ; tous ces chan-« gements, toutes ces innovations pourraient amener de « grandes perturbations. Déjà les bras manquent dans « nos champs, l'émigration augmente, les capitaux de-« viennent plus rares, parce que l'épargne se place plus « volontiers dans les entreprises à gros et rapides divi-« dendes, et la crise agricole approche....»

Eh bien ! je le dis sans crainte : ces motifs, ces raisons sont vrais *dans un sens*. Mais c'est parce qu'ils sont vrais, c'est parce que les difficultés qui se présentent peuvent devenir en effet formidables (ruineuses même, si l'on n'y avise à temps), qu'il faut les regarder face à face, et les prendre sans hésiter davantage, et avec hardiesse, comme *base* d'un système agricole tout autre et d'une pensée de *régénération sociale*.

On devrait se dire : Nous possédons dans le sol un *capital* que nous n'avons pas su faire valoir jusqu'ici à son *maximum*. Aidons-nous mutuellement pour en tirer le plus grand parti possible, au profit du pays tout entier. Que le gouvernement, de son côté, dise aussi d'une manière nette et précise : « C'est notre mission, c'est notre devoir de vous guider sagement jusqu'au bout, vous industriels, commerçants, agriculteurs ; de vous éclairer, de vous aider, par tous les moyens en notre pouvoir, pour vous rapprocher, vous organiser, vous associer ensemble, afin de fonder des sociétés nombreuses de crédit et de travaux divers. C'est encore notre devoir de travailler tout particulièrement à répandre le plus possible et dans le plus bref délai, l'emploi des machines et instruments qui peuvent suppléer à la main-d'œuvre, qui devra nécessairement manquer de plus en plus à l'agriculture, à mesure que le développement croissant de l'industrie exigera, de son côté, plus de bras. »

Et en vérité : ne serait-ce point un acte de haute prévoyance, de la part du gouvernement, que de provoquer, par des encouragements sérieux, la création immédiate dans chaque département ou dans chaque région, de sociétés dont le but serait d'acheter tous les instruments et machines reconnus aujourd'hui nécessaires à l'économie rurale, pour les louer à un intérêt modéré, usure comprise, à des entrepreneurs mécaniciens, qui viendraient peu à peu s'établir dans toutes les communes, et feraient à bas prix, pour la *petite propriété*, qui est après tout d'une valeur dix fois plus considérable que la grande, tous les travaux qui peuvent s'exécuter plus vite et plus économiquement à l'aide du travail mécanique ?

Ne saute-t-il pas aux yeux que les cultivateurs apprécieraient en bien peu de temps les avantages réels de ces utiles auxiliaires, et qu'ils s'empresseraient alors tous, les uns à la suite des autres, de bénéficier de ces facilités économiques ?

On aurait ainsi doté l'agriculture du moyen nouveau le plus puissant et le plus sûr de développer promptement ses ressources, en lui permettant d'économiser un capital de temps et d'argent qu'elle pourra sur-le-champ consacrer à d'autres travaux, aux engrais et au bétail.

Il faudrait enfin que l'on comprît mieux qu'on ne le fait généralement, que sans un crédit pour ainsi dire *illimité*, il est impossible de développer à fond toutes les richesses du sol. Je dis illimité : parce qu'il n'est pas possible de pouvoir prédire où s'arrêteront, et la fécondité, et le progrès, et les besoins.

N'avons-nous pas en effet sous les yeux des phénomènes tels, des découvertes journalières si inattendues, que la raison demeure confondue en présence des prodiges de la création?

Dans l'industrie, l'homme est le maître; il peut créer tous les jours du nouveau, à sa fantaisie, d'après sa volonté et selon son génie.

Dans la culture du sol, au contraire, il est soumis à toutes les variations de climat et de température. En présence du soleil qui verse la vie, de l'eau qui l'entretient, il n'est plus qu'un instrument. Son génie peut bien lui servir à découvrir certaines lois de la nature, à en apprécier l'influence, les ressources infinies, à les utiliser avantageusement, selon ses besoins et d'après son intelligence; mais ici il n'est point le maître, et malgré son impatience, malgré tous les efforts de son esprit, il faut qu'il se résigne et qu'il attende patiemment que la nature se développe à son heure, graduellement et d'après ses lois immuables!

Ce n'est donc qu'en cherchant, en les étudiant pas à pas et de plus en plus attentivement, qu'il peut par-

venir, par l'expérience unie à la science, à surmonter
utilement les obstacles qu'il rencontre à tout instant dans
ses travaux, et à obtenir les résultats les plus prompts,
les plus abondants, et d'autant plus merveilleux que ces
richesses ont été mises dans la terre par la Providence
depuis des siècles, à sa disposition.

Envisagé à ce point de vue, l'état actuel de l'agriculture la plus avancée ne démontre-t-il pas, d'une
manière frappante, tout ce que les peuples ont perdu
à rester ainsi dans l'ignorance et à négliger si longtemps
leur plus précieuse industrie, et combien ils accroîtront
leur bien-être et leurs jouissances, du moment où ils s'ap-
pliqueront à analyser soigneusement la terre et à en exploiter avec une connaissance parfaite tous les trésors ?

C'est cette pensée, après tout, qui doit, me paraît-il,
devenir le guide et le mobile le plus puissant des efforts
progressifs d'un pays comme la France.

Tout lui est favorable : situation, sol, climat, population, richesse et consommation croissante. Que l'on se
pénètre bien des avantages immenses de cette position
exceptionnelle. Que le gouvernement prenne enfin toutes
les mesures énergiques qui dépendent de lui et qui sont
indispensables à l'application de ces principes. Qu'il pro-
clame hardiment qu'il est urgent de consacrer tout l'argent
nécessaire, toute l'intelligence et toute l'activité de la
nation à faire de l'agriculture sa première, sa plus
importante industrie, et les résultats les plus magnifiques
ne se feront pas attendre.

En effet, n'appartient-il pas au gouvernement de la

France, qui aspire de nos jours à asseoir son influence dans le monde, non par les droits du plus fort et du plus courageux, mais par ceux de la civilisation, du progrès moral et matériel le plus avancé; ne lui appartient-il pas de faire aussi des efforts suprêmes, afin de donner au plus tôt à l'Europe l'exemple de l'organisation agricole la mieux entendue, pour développer le plus promptement dans les campagnes la pratique de tous les perfectionnements connus, et régénérer l'esprit des populations en élevant la vie des champs à une hauteur d'influence, de respect et d'honneurs, qu'elle n'a point eue jusqu'ici?

Si cette vie était rendue plus riante, plus attractive pour les cultivateurs en général, l'aspect des villages moins misérable, moins lugubre, par l'adoption, au fur et à mesure des bâtisses nouvelles, d'une architecture plus gracieuse, plus en harmonie avec des arrangements plus coquets de la nature, ne pense-t-on pas que ces riens, pourtant si attrayants, qui constituent la grande beauté du paysage, n'entraîneraient pas singulièrement les citadins à venir plus à la campagne; ceux qui y sont, à y rester; et que ce goût s'enracinant de nouveau, peu à peu, dans les habitudes, dans les souvenirs, ne tourné grandement au profit des mœurs et du bien public? Car, quel est celui qui a voyagé en Suisse, en Allemagne, en Angleterre, qui n'ait été saisi d'admiration en voyant ces jolis villages, ces jolis cottages encadrés de verdure et de fleurs? Ne s'est-il pas dit, en passant, que là était le bonheur? De plus, ne serait-ce pas aussi un moyen sûr de retenir à la campagne une portion au moins de ses habitants, qui, à peine adolescents, se laissent fatalement entraîner à aller chercher dans les villes un salaire en apparence plus élevé, un travail qui semble moins pénible, et des plaisirs qui malheureusement les démoralisent et ne les ruinent que trop souvent.

Pour que les grands propriétaires ruraux trouvent, eux aussi, plus d'agrément et de véritable satisfaction à habiter la campagne la plus grande partie de l'année, il ne suffit pas qu'ils possèdent des parcs superbes, des habitations somptueuses où ils s'ennuient la plupart du temps faute d'un intérêt réel ; il faut encore qu'ils trouvent dans les campagnes environnantes, au milieu des villages qui y sont parsemés, d'utiles et bienfaisantes occupations, qui les mettent en rapports constants avec les habitants et leur fournissent ainsi l'occasion de s'intéresser à eux, en cherchant à améliorer leur sort. De là naît un intérêt, un besoin de faire le bien, qui croît en raison même du plaisir extrême que l'on éprouve à se rendre populaire, à se faire aimer, et à développer la prospérité autour de soi de plus en plus.

Du jour où les grands propriétaires veulent se donner la peine de tendre la main aux populations qui les entourent, du jour où ils veulent bien s'identifier à leurs intérêts, de ce jour aussi tout s'améliore, tout change, tout prospère dans les communes, sans le secours ni l'action de l'Etat. Voyez ce qui se passe en Angleterre et en Allemagne. Les rapports des propriétaires avec les fermiers ne sont-ils pas la source d'un intérêt commun, d'un respect, d'un attachement qui rendent leurs positions respectives aussi utiles qu'agréables? De là cette force, cette influence dont disposent les seigneurs, et l'aisance, le bonheur, l'indépendance dont jouissent les cultivateurs.

On dira qu'en Angleterre, les propriétés étant inaliénables, l'influence passe de père en fils, et attache au sol la famille ; que les grands propriétaires, vivant sur leurs terres, sont continuellement en rapport avec leurs fermiers, tandis qu'en France c'est une exception à la règle commune. Je l'admets dans une certaine mesure; mais ne doit-on pas tout faire pour que cet état de choses change peu à peu? N'est-il donc pas logique d'admettre qu'il ne manque qu'une bonne et énergique direction dans ce sens, et qu'en honorant plus dignement les propriétaires qui, donnant ces bons exemples et se dévouant à développer l'agriculture dans leurs domaines, parviennent à répandre la lumière dans leur département, préparant ainsi l'esprit des populations des campagnes à être aussi bientôt à la hauteur des nécessités présentes, et à comprendre les bénéfices à réaliser par une culture mieux entendue, ne semble-t-il pas que le gouvernement encouragerait de cette manière bien des efforts, bien des dévoûments nouveaux?

Et les exemples de ce genre ne sont-ils pas, en définitive, de grands services rendus au pays tout entier? Dès lors, ne sont-ils pas aussi de véritables titres de gloire, dignes de la plus haute reconnaissance?

S'il est donc vrai de dire que l'exemple doit venir d'en haut ; que ce sont les riches propriétaires qui devraient donner dans leurs terres celui de l'agriculture la plus perfectionnée et la plus profitable, parce qu'ils en ont tous les moyens, toutes les facilités, soit par eux-mêmes, soit par des agents capables, ne serait-il pas juste aussi que la nation leur tînt compte de leurs peines, de leur dévoûment, de leurs sacrifices, et des grands services publics qu'ils auraient rendus ?

En élevant de si utiles et nobles efforts à la hauteur d'actions d'éclat, par des récompenses honorifiques en harmonie avec l'importance des résultats obtenus, des succès bien établis, l'Etat ne stimulerait-il pas aussi, d'une manière assurée, les capitalistes à placer plus d'argent dans le sol, à posséder de grandes terres, à les exploiter ou à les faire exploiter pour leur compte, à étudier sérieusement tous les progrès agricoles, les cultures diverses, les industries qui s'y rapportent, et à les introduire chez eux et autour d'eux ?

Cette perspective d'être signalé un jour, par le Souverain de la France, à la reconnaissance publique, d'en recevoir peut-être un titre nobiliaire, qui pourrait même devenir héréditaire si les fils, suivant en cela l'exemple de leurs pères, continuaient à leur tour à perfectionner sans relâche l'exploitation de leurs domaines, ne serait-ce pas le moyen de développer dans le pays ce grand principe moral « d'*utilité publique*, » c'est-à-dire « travailler un peu pour autrui et pas toujours pour soi, » et attirer de puissantes capacités au service de la terre ?

Si l'on objecte que de si grandes distinctions données au travail, et au succès reconnu, n'auraient pas cours en France, et ne seraient peut-être qu'un embarras pour

ceux qui les recevraient, parce que la gloire et le courage
dans la défense de l'honneur et de l'intérêt national
peuvent seuls aspirer à de si grands honneurs, n'est-il
pas vrai de dire aussi que ce ne serait là, après tout,
qu'un *préjugé* que le temps fera nécessairement dis-
paraître? Car, n'est-on pas persuadé que du jour où les
populations de la France, qui toutes ont l'instinct de la
reconnaissance, auront compris l'importance réelle de
l'agriculture dans la prospérité du pays (et ce jour n'est
peut-être pas si éloigné), elles applaudiront avec fierté et
avec une joie unanime tous ceux qui, par leur intelligence,
leur travail, leur dévoûment aux intérêts généraux,
auront su conquérir de telles récompenses?

En résumé, quoique je l'aie déjà dit, il faut que je le
répète encore pour bien formuler ma pensée : c'est qu'en
adoptant un plan d'ensemble, en suivant résolûment un
programme déterminé, clair et précis, pour développer
dans le plus bref délai tous les travaux, tous les progrès
agricoles; en encourageant libéralement de grandes associations pour leur exécution; en instituant dans chaque
département un laboratoire de chimie agricole, où chacun
pourrait promptement et à bon compte faire analyser, en
toute sécurité, ses terres et ses engrais; en répandant de
plus en plus l'instruction et le crédit par l'association
de l'industrie à l'art agricole; en fondant, enfin, cette
puissante Société centrale d'agriculture qui, avec son
capital propre, et réunissant dans son sein toutes les capacités agricoles du pays, universaliserait son action de
manière à pouvoir, dans un avenir peu éloigné, remplacer

utilement l'action de l'Etat, le gouvernement couronnerait
dignement le programme éclairé de Napoléon III, et
poserait pour la France les bases d'une puissance et d'une
prospérité sans égales. Mais si, par des motifs sérieux,
le gouvernement ne voyait pas encore la possibilité de
réaliser promptement toutes ces idées de progrès par un
appel décisif aux ressources immenses de l'initiative privée
et des grandes associations, ne serait-il pas bien fondé à
faire un appel direct à la nation, pour qu'elle prête au
moins ce *milliard* si nécessaire au plus haut développement de son agriculture?

Que l'Etat se charge alors de tous les travaux, comme
il a fait quand il a voulu tracer la voie de tous ces
chemins de fer qui, en quelques années, ont sillonné le
pays et ont tant augmenté sa richesse.

Où en serait-on encore, sans cette initiative hardie et
énergique? Il en serait de même pour l'agriculture, et la
chose ne serait guère plus difficile.

Si le gouvernement répartissait *un milliard* à raison
de *cent millions* par an, en parts égales pour chaque
département, et autorisait les conseils généraux, d'accord
avec lui, à déterminer leur emploi annuel pendant dix
ans, en travaux d'*utilité publique non remboursables*,
et en travaux d'*utilité privée remboursables par
annuités*, qui seraient basées sur la plus-value de la
production des terres où l'on aurait exécuté les travaux
d'amélioration, ne croit-on pas que le pays tout entier
profiterait largement des progrès qui se feraient ainsi
sentir partout en même temps, et que la plus-value de

ces terres et la plus grande abondance de leurs produits ne compenseraient pas bien avantageusement, et au-delà de toute prévision, le capital engagé à perpétuité il est vrai pour une part, mais dont l'autre serait remboursée en quelques années?

Qu'on ne dise donc plus que ce sont là de belles théories, des problèmes plus faciles à poser qu'à résoudre; qu'en France on ne peut pas faire ce que l'on fait en Angleterre, parce que les mœurs, le caractère, les institutions sont différents; qu'on ne dise plus aussi qu'il n'est pas possible, d'un côté, que l'agriculture soit jamais appelée à une telle importance, ni à donner d'aussi grands résultats, parce que la classe des habitants des campagnes est trop indifférente, trop arriérée, trop imbue de ses préjugés, pour que l'on arrive jamais à en faire par l'instruction, non pas des savants, mais seulement des hommes capables d'utiliser à leur profit tous ces moyens de progrès; de l'autre, que des hommes instruits et d'une éducation soignée puissent parvenir à faire de l'agriculture profitable, c'est-à-dire à des prix de revient qui leur assurent une fortune; qu'il vaut donc mieux abandonner la terre aux simples paysans, à leur expérience ou plutôt à leur ignorance, et se contenter des simples progrès qu'ils feront à la longue, comme étant le plus sûr; et tout cela sans s'inquiéter autrement des maux qui envahissent pas à pas la société tout entière, qui empêchent le développement de la prospérité intellectuelle et matérielle des populations laborieuses, ni des obstacles qui entravent ainsi la marche d'une civilisation dont la France s'honore d'être le guide!

Qu'on ne dise donc plus aussi que les grands propriétaires, lorsqu'ils veulent faire valoir leurs terres, soit par
eux-mêmes, soit par des administrateurs, en y intro-
duisant tous les perfectionnements possibles, sont presque
toujours en perte.

Les primes d'honneur, instituées et accordées depuis
quelques années, ne démontrent-elles pas qu'il y a au
moins bien des exceptions? Mais enfin, si l'on constate
des pertes, des mécomptes, même des ruines, qu'est-ce
que cela prouve, sinon que ceux qui en souffrent manquent des éléments nécessaires pour réussir?

De deux choses l'une : ou ils n'ont pas assez d'instruction, d'expérience agricole et de capitaux pour pouvoir
tirer par eux-mêmes un parti lucratif de leurs exploitations; ou ils emploient des agents incapables ou infidèles,
qui les entraînent dans des dépenses improductives et
exagérées. Car, n'est-il pas évident que si l'on joint à une
instruction parfaite de tout ce qui a rapport à la terre,
celle de la comptabilité commerciale et l'activité de
l'homme qui travaille pour vivre, l'on sera dans des
conditions plus certaines de réussite que le pauvre cultivateur ignorant?

Si cependant l'on n'a pas eu l'occasion de s'initier à
l'art agricole, mais qu'étant riche et puissant l'on sente
aujourd'hui l'importance d'améliorer rapidement ses terres,
et que l'on veuille aussi, par amour du bien, par le sen-
timent du devoir, aider à répandre avec fruit la lumière,
c'est-à-dire prouver que le progrès est avantageux, et
qu'en faisant mieux qu'on ne faisait on obtient des

bénéfices toujours plus rémunérateurs, il faut au moins s'entourer d'hommes probes et capables.

Il est peut-être encore difficile de trouver en France des administrateurs réunissant toutes les conditions de talent, d'expérience et de probité, pour mettre de grandes terres en parfait état de culture et en retirer un intérêt correspondant aux capitaux engagés, parce que cette carrière n'a point offert, jusqu'ici, un assez vaste champ à des hommes vraiment capables pour qu'ils y cherchent leur avenir, et qu'ils y trouvent une position et des émoluments dignes de leurs services et de leur savoir. Mais si le gouvenrement encourageait efficacement de grands propriétaires à entrer dans cette voie ; si l'exemple, venant d'en haut, devenait sérieux ; si l'on pouvait puiser ensuite dans ces exploitations des renseignements sûrs, et vérifier dans une comptabilité simple, claire et vraie, des prix de revient profitables, cet exemple ne serait-il pas bientôt suivi ; ne s'étendrait-il pas de proche en proche, parce que l'intérêt seul le conseillerait, et n'entraînerait-il pas infailliblement les petits propriétaires à l'imitation ? Ce serait, à coup sûr, le stimulant le plus actif pour toutes les classes de cultivateurs, et bientôt alors les écoles fourniraient de nombreux employés instruits, de tous les grades, qui trouveraient partout à leur tour une carrière assurée.

Il faut donc admettre ce principe : c'est qu'une fois l'instruction plus répandue, l'on verra d'*autres hommes*, plus instruits, à la tête des travaux agricoles; que ceux-ci instruiront à leur tour leurs voisins, et qu'ainsi de suite

graduellement, l'intelligence des populations se déve-
loppant de plus en plus, elles s'empresseront toutes peu
à peu d'adopter des progrès qui doivent tant améliorer
leur condition.

Il est donc positif que ce n'est qu'en partant de cette
base qu'on peut arriver à ces résultats; et l'Angleterre,
qui nous a déjà tant appris par ses nombreuses expériences, nous offre encore de quoi nous édifier amplement
à ce sujet. Ceux qui s'occupent des véritables intérêts de
l'agriculture savent tous combien l'instruction agricole
donnée dans les écoles *primaires* a servi à développer
l'intelligence et l'activité des jeunes cultivateurs et ouvriers
de ce pays, qui partout rivalisent de zèle, d'aptitude et de
conduite exemplaire. C'est cette éducation première qui,
dans la Grande-Bretagne, rend aujourd'hui le peuple des
campagnes incontestablement le plus heureux et le plus
prospère.

On ne peut plus ignorer tous ces faits, et, à moins
d'avoir vécu sous terre pendant les expositions universelles
de 1851 et 1855, nul n'oserait contester encore l'exis-
tence des progrès qui, dès cette époque, ont éclaté à tous
les yeux, et qui ont fait connaître les merveilles que l'on
peut obtenir de l'industrie et de l'agriculture par l'instruction et par l'association du capital, de l'intelligence et
du travail.

Or, après des renseignements aussi concluants, est-il
permis de perdre encore un temps précieux? Peut-on se
résigner à rester plus longtemps inactif, et à ne point
utiliser toutes ses facultés pour améliorer le sort des

classes les moins privilégiées de la grande famille humaine ?

En présence de tant de besoins péremptoires, est-il possible de ne point chercher à tirer immédiatement un parti plus grand, plus décisif, de ce que l'expérience a révélé ?

Parce que l'agriculture n'intéresse peut-être pas à l'égal de la politique, des finances, des arts ou des sciences, des hommes haut placés par leur mérite ou par leur position sociale, peuvent-ils encore prétexter de leur ignorance des choses qui la concernent, pour s'abstenir de s'en occuper, d'en faire au contraire une étude approfondie, et vouer à son progrès le plus actif tout ce qu'ils ont d'énergie, d'intelligence et d'influence ?

Ce n'est vraiment plus en 1862 que des esprits sérieux peuvent raisonner ainsi ; qu'ils peuvent croire encore que l'agriculture doive se débrouiller toute seule, faire son chemin avec ses propres ressources et par sa lente et pénible expérience ; qu'elle doive attendre patiemment le développement régulier de ses travaux ; ne pas trop se presser, de peur de faire fausse route, et surtout ne pas compter toujours sur l'appui et les secours de l'Etat, ni sur ce que le gouvernement s'en occupe de plus en plus sérieusement !.. S'il y avait encore des hommes influents qui conservent ces idées, qu'ils se détrompent ; car il faut, pour la plus grande prospérité de la France, que l'agriculture progresse le plus rapidement possible ! Bien plus, leur dirai-je, « il faut qu'elle se réforme et se transforme même complètement ; que cette transformation consiste,

« non point à démolir pour rebâtir, » mais à remplacer, partout où la fertilité du sol le comportera, *le blé par la viande* et par *les cultures industrielles* propres à la manufacture *indigène*. Que dans les pays les plus avancés, là où l'industrie a pris le plus grand développement, l'on reconnaît chaque jour davantage qu'il est urgent et avantageux, pour subvenir profitablement aux besoins des populations, d'augmenter de plus en plus, *sur place*, c'est-à-dire « dans les centres agricoles mêmes les plus peuplés, » l'élève et l'engraissement du bétail comme source nouvelle de richesse illimitée, et qu'il est sage et prudent d'abandonner aux contrées moins éclairées et plus éloignées, là où la valeur des terres est aussi plus inférieure, le soin de produire le blé nécessaire à la nourriture des pays qui en manquent ; que cette mission appartient dès aujourd'hui à l'Amérique, à la Russie, à la Hongrie et à l'Orient tout entier, parce que la vapeur, qui a raccourci les distances, la liberté actuelle du commerce, les chemins de fer, les canaux, rendent maintenant les approvisionnements sûrs et faciles, et que c'est le rôle du commerce maritime d'alimenter ainsi désormais tous les marchés. Qu'il est par conséquent rationnel de s'attacher dès à présent à cette idée : c'est qu'en France, où le sol abonde, mais où les bras manquent déjà, et où ils manqueront de plus en plus à mesure que les industries diverses prendront plus d'extention, il faudra arriver tôt ou tard à mettre en prairies artificielles et naturelles, alternées avec la culture des plantes industrielles selon la nature des différentes régions, *tous les terrains susceptibles de produire de la viande.* Qu'un des grands résultats que cette transformation produira, sera tout d'abord d'augmenter sensiblement la force physique, la santé et le chiffre des populations, et de fournir des ouvriers plus capables de supporter un travail qui deviendra d'autant plus rude, que pour être plus lucratif il devra aussi être plus parfait à mesure que la culture sera plus intensive ; que c'est cette base gigantesque d'une prospérité assurée qui déterminera le véritable point de départ d'un développement immense de la richesse publique, et qui servira à établir d'une manière inébranlable l'équilibre réel entre les recettes et les dépenses toujours progressives d'un état comme la France, qui veut rester à la tête de la civilisation. »

Voilà la vérité ; et c'est cette question, qui intéresse si vivement la sécurité de toutes les nations, qui doit fixer désormais l'attention la plus sérieuse de tous les hommes d'état, en leur rappelant journellement que les besoins alimentaires des populations ouvrières et leurs besoins nouveaux de bien-être poursuivent partout l'agriculture.

Et, si mes vœux pouvaient être entendus des habitants des campagnes, je leur dirais aussi : « Voici le moment venu, croyez-le, de vous réunir souvent en *meetings*, pour discuter librement et paisiblement tous les intérêts agricoles, et réclamer avec énergie de vos comices, de vos associations, de vos conseils généraux, de vos députés, qu'ils soient *tous* vos intermédiaires dévoués auprès du gouvernement, pour l'engager à prendre sans plus tarder toutes les mesures générales qui doivent servir à l'organisation simultanée des nombreux travaux nécessaires au perfectionnement agricole. Agitez-vous, remuez-vous ; ayez comme en Allemagne des missionnaires, « de vrais apôtres de la foi dans l'avenir de l'agriculture, » allant prêcher dans tous les villages les bienfaits de ces progrès. Faites enfin valoir vos droits à être écoutés. Ne craignez rien, on vous écoutera : car ici la raison d'Etat n'a rien à voir dans ces agitations toutes pacifiques. »

En présence de l'émotion de toute la France, j'ajouterai même de toute l'Europe, à la lecture du récent exposé financier de M. Fould, à celle de la lettre de l'Empereur à son ministre d'Etat, dans laquelle il abdique si noblement une de ses plus puissantes prérogatives pour arrêter un mal qui ne pouvait que s'étendre, n'éprouve-t-on pas quelque surprise de voir que jusqu'ici, parmi les représentants du pays, pas une voix ne se soit élevée pour faire valoir aussi dans un exposé clair et précis tous ces besoins nouveaux et urgents de l'agriculture, et les ressources financières considérables que produirait son plus grand perfectionnement ?

Cette question si importante ne serait-elle pas comprise encore, ou appréciée à sa juste valeur ?

Quoi qu'il en soit, puisse-t-il se trouver enfin un homme d'Etat assez hardi, assez expérimenté et assez dévoué, pour prendre la grave mais glorieuse responsabilité de proposer à l'Empereur les moyens les plus efficaces pour mettre l'agriculture à même d'utiliser toutes ses ressources dans le plus bref délai.

Et si cet espoir ne se réalisait pas bientôt, si l'agriculture devait encore languir longtemps, espérons du moins qu'alors

cette voix des populations qui l'an dernier s'est fait entendre avec tant d'unanimité pour remercier le chef de l'Etat
de tous les bienfaits qu'il a répandus depuis quelques années
dans les campagnes, que cette voix se fera entendre de
nouveau et avec la même unanimité. Elle aura d'autant
plus d'effet, d'autant plus de force que ce serait pour sol-
liciter, avec confiance, du dévouement absolu de l'Empereur
aux intérêts agricoles, son intervention directe dans la
création et dans l'organisation complète de tout ce qui peut
contribuer à satisfaire les nécessités nouvelles.

Son génie et son amour pour le plus grand développement du bien général détermineront alors dans son esprit,
qu'on en soit convaincu, une de ces explosions de mesures
fondamentales qui fixeront à jamais le rang et l'influence
que doit prendre enfin l'agriculture dans la prospérité publique de la France.

www.ingramcontent.com/pod-product-compliance
Lightning Source LLC
Chambersburg PA
CBHW050532210326
41520CB00012B/2547